데
일
리

샐
러
드

매일 아침 식사로   샐러드를!

섞으면서 입에는　　침 이　고 이 고…

다양한 나라에서 먹어보고 느낀
샐러드의 끝없는 매력

저는 지금까지 유학이나 파견 등의 이유로 미국, 이탈리아, 홍콩 등 다양한 나라에서 생활하며 그 나라의 요리를 배웠습니다. 그중에서도 맨해튼에서 살았던 기간이 길었고요. 당시 그곳의 부인들을 대상으로 요리 살롱을 열기도 하며 현지의 식재료와 먹는 법에 익숙해졌습니다. 일본으로 귀국한 뒤에는 창립 50년의 쿠킹스쿨을 어머니에게 물려받았고, 뉴욕 스타일의 접대 문화나 파티 요리를 소개하는 강좌도 열고 있습니다.

다이어트를 열심히 하는 딸 둘과 같이 먹는 일이 많은 우리 집 식탁(남편은 단신 부임 중)은 항상 샐러드가 주식입니다. 상추(레터스), 아보카도, 토마토, 무 등의 채소를 듬뿍 넣고, 거기에 햄, 치즈, 달걀 등 단백질을 하나 조합해 드레싱으로 버무리면 샐러드 완성!

두 딸은 큰 접시에 색색이 담은 샐러드를 무척 만족해하며 맛있게 전부 먹습니다. 이런 샐러드야말로 뉴욕 스타일이죠. 전세계의 사람이 모여 다양한 음식 문화가 존재하는 뉴욕의 델리에는 컵 샐러드나 시저 샐러드 같은 고정 메뉴뿐만 아니라, 다양한 나라의 샐러드가 줄줄이 늘어서 있습니다. 사람들은 뚜껑이 있는 큰 용기에 샐러드를 테이크아웃해서 메인 디쉬처럼 먹습니다.

이 책의 레시피도 주식과 같은 샐러드를 생각하고 만들었습니다. 하나의 샐러드에서 균형 있게 영양을 섭취할 수 있고 건강을 유지하는 데도 도움이 됩니다. 식재료의 조합도 원하는 대로 자유자재이지요. 꼭 매일 식단에 활용해주세요.

다나카 레이코 쿠킹스쿨 교장 나카무라 나츠코

버무려서 낸다

먹기 직전 섞는다

믹스 방법의 요모저모

한 덩어리로 만든다

다 섞어 허니처럼 만든다

Contents

PART 5
계란, 과일, 유제품 샐러드

이 책의 규칙

· 이 책에서 사용하는 1작은술은 5ml, 1큰술은 15ml, 1컵 은 200ml입니다.
· 생강 한 쪽, 마늘 한 쪽은 엄지손가락 끝 정도의 크기 기 준입니다.
· 올리브 오일은 엑스트라 버진 오일을 사용합니다.
· 따로 지시가 없는 한, 채소는 씻어서 껍질을 벗긴 후부터 의 조리법 설명입니다.

· 재료 사진은 정확한 사용 분량이 아닌 이미지입니다. 정 확한 분량은 텍스트로 기재했습니다.
· 재료의 드레싱과 딥의 제조법은 p62~67을 참조해주세 요. 1회분 분량이 아니니, 만들고 남으면 3~4일 안에 다 사용해주세요.
· 알파벳 표기의 레시피명은 원칙은 영어로, 일부 프랑스어 를 혼재하고 있습니다.
· 전자레인지의 가열시간은 출력 600W 기준입니다. 기종 에 따라 차이가 있습니다.

재료의 조합이나 자르는 방법, 조리법을 자유롭게 내 맘대로 하는 것이 샐러드의 장점이긴 하지만, 기본적인 순서를 알아두면 더 효율 좋게 만들 수 있어서 간편합니다! 고기와 생선 샐러드, 2개의 예시를 통해 흐름을 마스터 해보세요.

1 드레싱을 만든다   2 재료를 준비한다   3 가열한다

병에 넣어 섞거나 블랜더로 섞어 미리 드레싱을 만들어둔다. 숙성 시키면 맛이 더욱 좋아진다.

채소의 싱싱함을 유지하기 위한 방법을 사용한다(p10 참조). 고기나 생선은 상온에 두거나 해동을 하고 밑간을 해둔다.

열을 식혀 사용할 고기나 생선 등은 먼저 삶거나, 굽거나, 전자레인지에 가열해둔다.

| 4 자른다 | 5 섞는다 | 6 그릇에 담는다 |

무를 갈아 올린 돼지 샤부샤부 샐러드(p46)의 경우

새우 그릴 시저 샐러드(p70)의 경우

3에서 고기나 생선을 익히는 동안에 채소를 먹기 쉬운 크기로 자르거나, 손으로 찢어둔다. 크기를 같게 하는 것이 포인트.

재료들을 섞거나 드레싱으로 잘 버무린다. 채소에서 물기가 나오므로 버무리는 것은 먹기 직전에.

개별 접시에 담지 않는 경우에는 큰 접시(지름 22cm 내외)를 준비해 샐러드를 담는다. 추가로 드레싱을 뿌리거나 토핑을 올린다.

Technique 맛있는 샐러드를 만드는 팁

샐러드에 자주 등장하는 재료는 아무래도 잎 종류의 채소이지요.
아삭하게 유지하는 방법이나 물을 빼는 법, 먹기 좋은 크기로 자르는 방법 등의 비법으로 더 맛있게!
그 외에도 샐러드의 맛을 좌우하는 포인트를 소개합니다.

시들기 쉬운 채소는
물에 담가둔다

잎채소들을 싱싱하게 하기
위해서는 차가운 물에 몇 분
정도 담가두면 본연의 선명
한 색으로 돌아온다.

수분 제거는
확실하게

드레싱의 맛이 옅어지거나
샐러드 맛에 차이가 생기지
않도록 채소의 수분을 확실
하게 제거한다.

잎채소는
한입 크기 기준

잎채소는 사방 4cm가 한입
에 먹기 쉽다. 재료를 같은 크
기로 잘라 담는 것이 보기에
도 좋다.

절여두는 것이
시간을 단축시킨다

라바이차이(p36)나 사워크
라우트(p58) 등은 조미료로
버무려 저장 용기에 넣어두고
시간을 들여 간이 배게한다.

버무리는 타이밍도
중요하다

저먼 포테이토(p30)나 그릴
채소 샐러드(p16)는 뜨거울
때 조미료로 버무려야 간이
배어 맛있어진다.

토핑은
식감을 중시하라

견과류, 건포도, 크루통, 만두
피(완탕피) 튀김 등을 토핑
하면 식감의 변화가 생겨 감
칠맛이 난다.

PART 1

Salad : Vegetables

채소 샐러드

자르는 방법이나 버무리는 방법에 따라
맛이 확 바뀌는 채소 샐러드.

재료를 살려
프레시하게 먹는 샐러드도 있고.
볶거나 쪄서 먹는
따뜻한 채소 샐러드도 있지요.
맛있게 먹을 수 있는 채소 레시피!
한 번 만들어봐요!

콥 샐러드

Cobb Salad

재료

아보카도 1/2개 ▸ 1cm 깍둑썰기를 한 뒤, 식초를 뿌려둔다
식초 조금
토마토 중간 크기 2개 ▸ 6등분으로 자른다
청상추 1~2장 ▸ 한입 크기로 자른다
베이컨 2장 ▸ 1cm 크기로 정사각형으로 자른다
삶은 계란 1개 ▸ 잘게 다져둔다
블루치즈 40g ▸ 1cm 크기로 깍둑썰기 한다
사우전드 아일랜드 드레싱(p63 참조) 3큰술

만드는 법

1 프라이팬에 기름을 두르고, 베이컨을 중불로
   볶는다.
2 그릇에 상추를 깔고 재료를 각각 세로로 색을
   맞춰 늘어놓는다
3 사우전드 아일랜드 드레싱을 기호대로 뿌리고
   잘 섞어 먹는다.

> *Memo* 레스토랑의 오너 콥 씨가 남은 재료로 만든 것
> 이 시초라고 알려져 있다. 재료를 잘게 자른 샐러드
> 다. 채소나 고기에 치즈, 계란을 더해 밸런스가 좋고
> 양이 풍부하다.

그릴 채소 샐러드

Grilled Vegetables

재료 /

채소 호박 100g ▸ 1cm 두께로 자른다
    연근 100g ▸ 5mm 두께로 자른다
    가지 1개 ▸ 세로로 4등분 한다
    파프리카 1/2개 ▸ 세로로 4등분 한다
    아스파라거스 4개 ▸ 비스듬하게 2등분 한다
    ▸ 가볍게 소금과 후추로 밑간을 해둔다
마늘 1쪽 ▸ 칼 자루로 으깬다
안초비 2장 ▸ 반으로 자른다
소금 1/3작은술
식초 1큰술
올리브 오일 3큰술

만드는 법 /

1 프라이팬에 올리브 오일을 두르고 약불로 가열
   해서 마늘을 볶는다.
2 향이 나기 시작하면 재료로 준비한 채소를 위
   에서부터 순서대로 넣고, 중불로 양면을 구워
   색을 입힌다.
3 마지막으로 안초비를 더해 맛이 골고루 배게
   한다. 불을 끄고 뜨거운 상태에서 소금과 식초
   를 골고루 뿌려준다.

> *Memo* 채소의 다양한 식감을 즐기는 샐러드. 다양한
> 채소를 동시에 구울 때는 익는 데 오래 걸리는 것부
> 터 시차를 두고 프라이팬에 넣는 것이 팁이다. 만들
> 어두고 먹어도 맛있다.

생 양송이와 크레송 샐러드

White Mushroom Watercress Salad

재료 /

크레송(물냉이) 1다발(60g)
▶ 굵은 줄기를 잘라 버리고 먹기 좋은 크기로 자른다
양송이버섯 5~6개
▶ 얇게 슬라이스해 레몬즙(레몬 1/2개)을 뿌려둔다
발사믹 드레싱(p63 참조) 2큰술

만드는 법 /

1   그릇에 크레송을 깔고, 양송이를 흩뿌린다.
2   발사믹 드레싱을 뿌린다.

> *Memo* 프랑스 레스토랑의 인기 메뉴. 생으로 먹기 때
> 문에 양송이의 색이 하얗고 속이 꽉 찬 신선한 것을
> 골라야 한다. 또 얇게 슬라이스해서 먹기 좋게 하는
> 것이 중요하다.

스팀 채소 샐러드

Steamed Vegetables

재료 /

호박 100g ▸ 1cm 두께로 자른다

연근 100g ▸ 1cm 두께로 둥글게 썬다

우엉 2/3개 ▸ 1cm 두께로 비스듬하게 썬다

토란 2개 ▸ 세로로 4등분 한다

죽순 100g ▸ 세로로 먹기 쉽게 썬다

새송이버섯 1개 ▸ 세로로 2~3등분 한다

스냅 완두콩 6개 ▸ 줄기를 제거한다

▸ 모두 물에 적신 뒤에 가볍게 소금을 뿌려둔다

소금 적당량

바냐카우다, 미소 딥(p66 참조) 적당량

만드는 법 /

1 채소와 버섯을 모두 세이로(나무 찜기)에서
   10~15분 정도 찐다.

2 기호에 맞는 딥을 찍어 먹는다.

> *Memo* 가볍게 쪄서 채소의 맛을 심플하게 즐기는 샐러
> 드. 제철 채소나 감자, 당근 등 항상 구할 수 있는 채
> 소로도 맛있게 먹을 수 있다. p66~67의 어느 딥과
> 도 잘 맞는다.

당근 라페

2인분

Carottes Râpées

재료

당근 1개 ▸ 채칼로 채 쳐둔다
건포도 2큰술
호박씨 1큰술
프렌치 드레싱(p64 참조) 1과 1/2큰술

만드는 법

1 볼에 당근과 건포도를 넣고 프렌치 드레싱으로 버무린다.
2 그릇에 담고 호박씨를 뿌린다.

> Memo 당근은 채칼이나 치즈 슬라이서로 채 치면 식감도 좋고 보기도 좋다. 냉장고에 3일 정도 둘 수 있기 때문에 많이 만들어두고 필요할 때 써도 좋다.

생 주키니 리본 샐러드

fresh Zucchini ribbon Salad

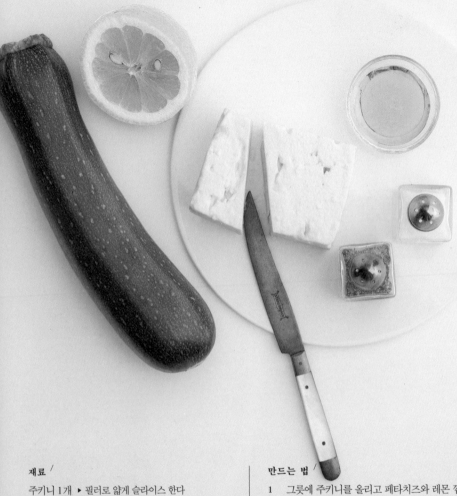

재료

주키니 1개 ▶ 필러로 얇게 슬라이스 한다
페타치즈 100g ▶ 대충 잘게 자른다
레몬 껍질 1/2개분 ▶ 잘게 자른다
소금, 후추 약간씩
올리브 오일 1큰술

만드는 법

1   그릇에 주키니를 올리고 페타치즈와 레몬 껍질
    을 뿌린다.
2   올리브 오일을 골고루 뿌리고 소금과 후추를
    뿌린다.

Memo 신선한 주키니나 콜리플라워 등을 생으로 먹는
것이 뉴욕 스타일. 필러로 얇게 슬라이스 하는 것이
포인트다.

라따뚜이

2인분   *Ratatouille*

재료 /

주키니 1개 ▸ 4cm 길이로 세로 4등분 한다
파프리카(노랑) 1개 ▸ 세로 8등분하여 반 자른다
토마토 1/2개 ▸ 한입 크기로 자른다
양파 1/2개 ▸ 얇게 썬다
마늘 한 쪽 ▸ 칼 자루로 으깬다
소금 1/2작은술
후추 약간
올리브 오일 2큰술
타임 있으면 적당량

만드는 법 /

1 프라이팬에 올리브 오일을 중불로 가열한 뒤, 마늘과 양파를 볶는다. 주키니와 파프리카도 더해 볶는다.
2 토마토를 넣고 소금과 후추를 뿌려 10분 정도 약불에서 졸이며 맛을 낸다. 그릇에 담고 타임을 뿌려 장식한다.

> *Memo* 남프랑스에서 생겨난 조림 레시피의 기본. 물을 넣지 않기 때문에 농후한 맛이 난다. 채소는 조리면 작아지므로 굵직하고 크게 자르는 것이 포인트다. 파프리카는 빨간색도 괜찮다.

선 드라이 토마토 샐러드

2인분   *Sun-Dried Tomatoes Salad*

재료 /

방울토마토 20개 ▸ 반으로 잘라서 가볍게 씨의 물기를 짠다
소금 1/3작은술
모차렐라치즈 100g ▸ 작게 깍둑썰기 한다
소금, 후추 약간씩
올리브 오일 1큰술
바질 조금(드레싱을 만들 때 남겨둔다)
제노베제 드레싱(p62 참조) 1큰술

만드는 법 /

1 방울토마토를 오븐 시트를 깔아놓은 철판에 늘어놓고 소금을 뿌려 약 130도의 오븐에서 30분 정도 건조시킨다(혹은 Memo와 같이 자연 건조).
2 건조한 방울토마토와 모차렐라치즈를 볼에 넣고 소금, 후추, 올리브 오일로 버무린다.
3 그릇에 담고 제노베제 드레싱을 뿌린 다음, 바질도 곁들인다.

> *Memo* 선 드라이 토마토는 감칠맛이 응축되고 단맛도 더해져 맛있다. 햇빛에 자연 건조시키는 것이 가장 이상적이지만, 소쿠리에 늘어놓고 소금을 뿌려 냉장고에서 3일 정도 건조시켜 만들 수 있다.

BLT 샐러드

2인분

BLT Salad

재료 /

양상추 1/2개 ▶ 한입 크기로 찢는다
토마토 1개 ▶ 5mm 두께로 둥글게 썬다
베이컨 3장 ▶ 5~6cm 폭으로 썬다
재료 가득 드레싱(p65 참조) 2큰술

만드는 법 /

1 프라이팬에 기름을 두르지 않고 베이컨을 중불에 볶는다.
2 볼에 양상추와 토마토, 볶은 베이컨을 넣고 드레싱으로 버무린다.

> *Memo* BLT 샐러드의 B는 베이컨, L은 양상추, T는 토마토를 말하는데 이 조합은 오래된 미국의 기본 레시피다. 샌드위치나 햄버거에도 많이 사용된다.

브로콜리 줄기 코우슬로

2인분

Broccoli Stems Coleslaw

재료 /

브로콜리 줄기 1개(정량 150g) ▶ 껍질을 두껍게 벗기고 4cm 길이로 채 썬다
당근 4cm ▶ 채를 썬다
소금 1/2작은술
프렌치 드레싱(p64쪽 참조) 3큰술
땅콩 1큰술 ▶ 잘게 다져둔다

만드는 법 /

1 볼에 브로콜리 줄기와 당근을 넣고 소금을 뿌린다. 부드러워지면 물기를 짠다.
2 프렌치 드레싱을 더하여 버무리고 그릇에 담아 땅콩을 뿌린다.

> *Memo* 미국에서는 채 썬 브로콜리 심이 무척 대중적이다. 꼬들꼬들한 식감 때문인지 계속 먹고 싶어진다. 채를 썰 때는 되도록 가늘게 썬다.

저먼 포테이토

Geruman Potato

재료 /

감자 중간 크기 2개 ▶ 1cm의 두께로 십자썰기 한다

소금 1/4작은술

후추 약간

베이컨 100g ▶ 1cm 폭으로 썬다

상추 2장 ▶ 한입 크기로 찢는다

A 프렌치 드레싱(p64쪽 참조) 2큰술
   홀그레인 머스터드 1작은술

   ▶ 잘 섞어둔다

만드는 법 /

1 냄비에 감자를 넣고 물을 낙낙하게 넣은 뒤 삶는다. 물기를 제거하고 뜨거운 상태에서 소금과 후추, A의 반을 뿌린다.

2 베이컨은 프라이팬에 기름을 두르지 않고 볶아둔다.

3 베이컨이 뜨거울 때 1과 상추를 볼에 넣고 남은 A로 버무린다.

> Memo 홀그레인 머스터드나 드레싱의 산미가 잘 어울리는 샐러드로, 감자를 산뜻하게 먹고 싶을 때 좋다. 감자가 뜨거울 때 제대로 밑간을 해두는 것이 팁이다.

감자 샐러드

Potato Salad

재료 /

감자 큰 것 1개 ▶ 5mm 두께로 십자썰기 한다

당근 1/2개 ▶ 얇게 십자썰기 한다

소금 1/4작은술

후추 약간

오이 1/2개 ▶ 얇게 썰어서 소금에 절이고 물에 씻어 소금기를 없앤 뒤 물기를 제거한다

소금 약간

양파 1/4개 ▶ 얇게 썰어서 물에 담갔다가 건져내 물기를 제거한다

햄 2장 ▶ 1cm 폭으로 자른다

마요네즈 3큰술

만드는 법 /

1 냄비에 감자와 당근을 넣고, 물을 적당히 넣어 삶는다. 자루에 건져내 물기를 제거한 뒤, 소금, 후추를 뿌리고 식힌다.

2 볼에 삶은 감자와 당근, 오이, 양파, 햄을 넣고 마요네즈로 버무린다.

> Memo 감자를 으깨지 않고 식감을 즐기는 깔끔한 감자 샐러드. 마요네즈와 소금, 후추만으로 심플하게 간을 한 것이 채소가 가지고 있는 본연의 맛을 더욱 돋보이게 한다.

그릴 로메인 샐러드

2인분

Grilled Romaine Lettuce

재료 /

로메인 1다발 ▸ 세로로 반 자른다
판체타(혹은 베이컨) 30g ▸ 1cm 폭으로 자른다
느타리버섯, 마이타케(고기버섯) 각각 50g ▸ 밑동을
잘라 먹기 좋게 뜯는다
마늘 1쪽 ▸ 잘게 다진다
소금, 후추 약간씩
랜치 드레싱(p63 참조) 2큰술
올리브 오일 1큰술

만드는 법 /

1 프라이팬에 올리브 오일을 두르고 중불로 판체
   타, 버섯, 당근을 볶은 뒤 꺼내둔다.
2 강불로 올려서 1의 프라이팬에 로메인을 구워
   노릇하게 익힌다.
3 그릇에 로메인을 담고, 볶은 판체타와 버섯, 당
   근을 올린 다음 랜치 드레싱을 뿌린다.

> *Memo* 생으로 먹어도 맛있는 로메인이지만, 조금 두
> 께가 있기 때문에 구워도 맛있다. 먹어보지 못한 맛
> 을 즐길 수 있다. 그 외에도 상추나 양배추를 구워
> 서 해먹을 수도 있다.

과카몰리

2인분

Guacamole

재료 /

아보카도 1개 ▸ 라임 즙을 뿌리고 반정도만 으깨준다
라임 즙 1큰술
양파 1/4개 ▸ 잘게 다져둔다
방울토마토 5개 ▸ 1cm로 깍둑썰기 한다
A 소금 1/3작은술
    후추, 갈릭파우더 약간씩
또띠아(혹은 나초) 적당량
고수 있다면 적당량

만드는 법 /

1 볼에 고수 이외의 채소와 A를 넣고 섞는다
2 그릇에 1을 올리고 고수를 뿌린다. 또띠아나 나
   초에 올려 먹는다

> *Memo* 과카몰리는 멕시코 요리로 살사의 일종이다.
> 딥으로 타코나 또띠아에 올려 먹거나, 고기 요리에
> 곁들이는 샐러드로 사용한다.

그릴 가지 샐러드

2인분

Grilled Eggplant Salad

재료

가지 2개 ▸ 껍질에 칼집을 넣는다
가츠오부시 약간
생강 드레싱(p64 참조) 2큰술

만드는 법

1 가지는 껍질이 까맣게 될 때까지 굽는다. 식으면 껍질을 벗겨 먹기 좋게 세로로 찢는다.

2 구운 가지를 그릇에 담은 다음 가츠오부시를 얹고 생강 드레싱을 뿌린다.

> *Memo* 단순한 조리지만 칼로리가 낮아 요리교실에서도 인기 메뉴다. 구운 가지는 물기가 많아지지 않게 하기 위해서, 손으로 찢기 전에 뜨겁더라도 물에 담그지 않는 것이 중요하다.

숙주 양배추 말이

2인분

Bean Sprouts & Cabbage Roll

재료

양배추 큰 것 2장 ▸ 심을 제거한다
숙주나물 150g ▸ 손질해둔다
소금 약간
오이 1/2개 ▸ 채를 썬다
생강 한 쪽 ▸ 채를 썬다
게맛살 4개
일본풍 드레싱(p64 참조) 1큰술

만드는 법

1 양배추와 숙주나물을 각각 소금물에 데친 뒤 채반에 건져 물기를 뺀다.

2 김밥말이 위에 양배추 잎을 깔고 숙주나물, 오이, 생강 각각 1/2의 양, 게맛살 2개를 올려놓고 말아준다.

3 2를 4cm 길이로 3~4등분해서 자르고 자른 단면이 위로 보이게 그릇에 담는다. 일본풍 드레싱을 뿌려 먹는다.

> *Memo* 우리 집에 대대로 내려오는 레시피다. 재료로 동물성 단백질은 필수이니 게맛살이 아니더라도 햄, 삶은 새우, 차슈 등 자신의 취향에 맞는 재료를 반드시 넣는다.

브로콜리와 버섯 중화 샐러드

2인분

Chinese Broccoli & Mushroom Salad

재료 /

브로콜리 1/2개 ▸ 작게 나눠둔다

A   술, 소금 약간씩

     뜨거운 물 1/2 컵

새송이버섯 1개 ▸ 얇게 썬다

표고버섯 4개 ▸ 반으로 자른다

빨간 피망 1개 ▸ 세로 1cm 폭으로 자른다

B   대파, 생강, 마늘 약간씩 ▸ 다진다

C   중화 스프 50ml

     굴소스, 간장 각각 1큰술

     설탕, 전분 각각 2작은술

     후추 약간

     ▸ 잘 섞어둔다

식용유 2큰술

만드는 법 /

1   프라이팬에 식용유 1큰술을 두르고 중불로 가열한 뒤 브로콜리를 볶는다. A를 넣고 뚜껑을 덮어 10초 정도 찐 다음 꺼낸다.

2   프라이팬을 가볍게 닦고, 식용유 1큰술을 두르고 가열해서 B를 넣고 약불에 볶는다. 향이 나면 버섯과 빨간 피망을 넣고 중불에서 볶은 뒤 1에서 준비해둔 브로콜리를 넣는다. C를 넣고 섞어준다.

> *Memo* 볶기만 하면 되는 따뜻한 채소 샐러드. 버섯이 고기를 대신하여 볼륨도 만점. 브로콜리 대신 아스파라거스를 써도 맛있다.

라바이차이

2인분

Hot-and-Sour Cabbage

재료 /

배추 심 200g ▸ 5cm 길이, 1cm 폭의 막대모양으로 자른다

A   식초 3큰술

     설탕 2큰술

     맛술 1큰술

     소금 1작은술

     빨간 고추 1개

     산초 10개

     ▸ 잘 섞어둔다

식용유 1큰술

만드는 법 /

1   프라이팬에 식용유를 두르고 중불로 가열한 뒤 배추 심을 가볍게 볶는다.

2   1에 A를 더한 뒤 불에서 내린다. 보존 용기 등에 넣고 1시간 정도 재워둔다.

> *Memo* 라바이차이는 살짝 매콤한 새콤달콤 소스에 버무리는 중국식 절임이다. 버려지기 쉬운 배추 심을 맛있게 먹을 수 있다. 냉장고에 넣어두면 3~4일간 보존이 가능하다.

믹스 나물

2인분

Mixed Namuls

재료 /

시금치 1/2다발
콩나물 120g ▸ 다듬어둔다
당근 작은 것 1개 ▸ 채 썬다
소금 약간

A   갈은 참깨 1큰술, 소금 2/3작은술
　　다진 마늘 약간, 참기름 4큰술
　　▸ 잘 섞어둔다
B   갈은 참깨 1큰술, 설탕 1작은술
　　소금 1/4작은술
　　▸ 잘 섞어둔다
참기름 약간

만드는 법 /

1   시금치는 뜨거운 소금 물에 30초 정도 데치고
　　냉수에 담근 뒤 물기를 짠다. 5cm 길이로 자르
　　고 A의 반을 넣고 버무린다.
2   콩나물은 뜨거운 물에 4분 정도 데친다. 채반에
　　건져서 물기를 제거한 뒤 남은 A로 버무린다.
3   프라이팬에 참기름을 둘러 중불로 달구고, 당
　　근을 볶아낸다. B를 넣고 버무린다.
4   그릇에 1, 2, 3의 나물을 담는다

> *Memo* 시금치나 콩나물 외에 무나 고사리로 만들어
> 도 맛있다. 다만 당근은 달콤하게 만드는 것이 중요
> 하다. 냉장고에서 3일간 보존이 가능하다.

새싹 샐러드

2인분

Mixed Sprouts Salad

재료 /

브로콜리 새싹, 자색 무순 등 모둠 새싹잎 200g
생햄 2장 ▸ 1cm 폭으로 자른다
볶은 깨 1큰술
중화풍 드레싱(p65 참조) 1큰술

만드는 법 /

1   볼에 모둠 새싹잎과 생햄을 넣는다. 중화풍 드
　　레싱으로 버무린다.
2   볶은 깨를 뿌린다.

> *Memo* 새싹은 영양소가 많고 샐러드로 사용하기 쉬
> 운 재료이다. 자색 무순은 매콤하기 때문에 다른 새
> 싹들과 섞어 색과 맛을 즐길 수 있다. 씻은 뒤 물기
> 를 잘 제거하는 것이 팁이다.

PART 2

Salad : Meats

고기 샐러드

'밀라노 카츠'가 얇은 이유는,
채소를 듬뿍 먹기 위한 이탈리아 사람들의 지혜 중 하나다.

이제 채소는 그저 곁들이는 음식이 아니라
오히려 고기가 채소의 맛을 더욱 살려준다.
고기는 샐러드에 감칠맛과 깊이를 더하고
더욱 배부르게 해준다.
맛이 진한 채소와의 궁합도 뛰어나다.

비프 탈리아타 샐러드

Beef Tagliata Salad

재료 /

소 등심 150g ▸ 소금과 후추를 쳐둔다
소금 1/3작은술
흑후추 약간
루콜라 5장 ▸ 먹기 쉽게 잘라둔다
트레비스 2~3장 ▸ 한입 크기로 잘라둔다
파르메산치즈 30g ▸ 필러로 얇게 썬다
소금, 후추 약간씩
올리브 오일 2큰술
발사믹 식초 1큰술

만드는 법 /

1 프라이팬에 기름을 두르지 않고 달궈서, 소고기의 비계 부분부터 굽는다. 모든 면을 강불로 30초씩 구운 뒤 프라이팬에서 꺼내 5분 정도 둔 뒤 얇게 자른다.

2 그릇에 얇게 자른 소고기를 올리고 루콜라와 트레비스를 올린다. 파르메산치즈를 뿌리고 소금, 후추를 뿌린다. 올리브 오일과 발사믹 식초를 둘러 완성한다.

> *Memo* 탈리아타는 이탈리아어로 '얇게 저미다'라는 의미로, 소고기와 루콜라 등의 채소를 같이 먹는 샐러드 같은 음식이다. 친구들을 불러 홈파티 등 대접을 하기에 최적이다.

멕시칸 치킨 샐러드

2인분

Mexican Chicken Salad

재료

닭 다리 살 200g ▶ A를 뿌려둔다

A   소금 1/2작은술

     갈은 후추 약간

     갈릭파우더 약간

     칠리파우더 1/3작은술

청상추 1/3다발 ▶ 한입 크기로 찢는다

적양파 ▶ 얇게 썰어서 물에 담가두었다가 물기를 제거
한다

오이 1/2개 ▶ 사선으로 얇게 썰어둔다

토마토 살사(p67 참조) 3큰술

프렌치 드레싱(p64 참조) 3큰술

식용유 1큰술

만드는 법

1   프라이팬에 식용유를 둘러 중불로 달구고, 닭
고기의 양면을 잘 굽는다. 고기가 식으면, 가로
로 반으로 잘라 2cm 폭으로 깍둑썰기 한다.

2   그릇에 청상추를 깔고, 1과 적양파, 오이를 올
린다. 중앙에 토마토 살사를 올린 뒤 프렌치 드
레싱을 뿌린다.

> *Memo* 딥과 드레싱을 뿌리는 것만으로 임팩트가 강한
> 맛이 된다. 매운 치킨이 맛의 포인트가 되어 채소와
> 맛있게 먹을 수 있다.

무를 갈아 올린 돼지 샤부샤부 샐러드

2인분

Cold Pork Shabu-Shabu Salad with Grated Radish

재료

돼지고기 샤부샤부용 200g
소금, 술 약간씩
무 1/3개 ▶ 갈아서 가볍게 물기를 제거한다
경수채(미즈나) 1/2다발 ▶ 5cm 길이로 자른다
일본풍 드레싱(p64 참조) 3큰술

만드는 법

1 냄비에 물을 끓이고 술과 소금을 넣는다. 돼지
   고기를 넣고 살짝 익힌 후 채반에 올려 한입 크
   기로 썬다.
2 볼에 삶은 돼지고기와 갈은 무(오로시)를 넣고
   섞는다.
3 그릇에 경수채를 깔고 2를 얹고 일본식 드레싱
   을 뿌린다.

> *Keno* 갈은 무에 버무려두는 것만으로 돼지고기의 맛
> 이 보다 깔끔해진다. 식욕이 없을 때도 좋다. 다이어
> 트 중인 사람에게 부족하기 쉬운 비타민B도 보충할
> 수 있다.

대파와 찐 닭 샐러드

Steamed Chicken Salad with Scallion Sauce

재료 /

닭가슴살 200g

A 소금 1/3작은술
후추 약간
술 1큰술

B 대파(파란 부분) 1뿌리분
생강 껍질 1조각분

샐러드 시금치 1/2다발 ▶ 먹기 쉬운 크기로 잘라둔다

대파 1뿌리 ▶ 잘게 채 썬다

생강 드레싱(p64 참조) 3큰술

만드는 법 /

1 내열 접시에 닭고기를 넣고 A를 뿌린다. B를
올리고 랩을 씌운 뒤 전자레인지(600W)에
2~3분 동안 가열한다. 잔열이 없어지고 난 뒤
한입 크기로 썬다.

2 볼에 대파 채와 생강 드레싱을 섞고 1을 넣어
무친다.

Memo 가열한 고기와 생 채소를 섞을 때, 잎채소가 열
때문에 숨이 죽지 않도록, 고기의 잔열을 제대로 식
히는 것이 중요하다.

타코 샐러드

2인분

Taco Salad

재료 /

돼지고기와 소고기를 섞은 갈은 고기 200g

A   소금 1/3작은술

      카레 가루 1/4작은술

      케첩 2작은술

      후추 약간

서니 레터스(상추) 1/2개 ▸ 먹기 좋은 크기로 자른다

아보카도 1개 ▸ 2cm 크기로 깍둑썰기 한다

토마토 살사(p67 참조) 4큰술

체다치즈 50g ▸ 잘라둔다

나초 1~2장

만드는 법 /

1   프라이팬에 기름을 두르고 갈은 고기를 중불에 볶다가 A를 순서대로 더해서 같이 볶는다.

2   그릇에 서니 레터스를 깔고, 볶은 고기와 아보카도, 토마토 살사를 올려 체다치즈를 뿌린다. 나초를 곁들이거나 부셔서 같이 섞어 먹는다.

> Memo 타코스는 살사나 볶은 고기, 치즈가 듬뿍 들어간 멕시코 요리이다. 여기에 생 야채를 이것저것 더하는 것이 미국 스타일의 타코 샐러드이다.

가파오 샐러드

2인분

Thai Gaprao Salad

재료 /

갈은 닭고기 200g

A   파프리카(빨강), 양파, 가지 각각 1/2개

      만가닥버섯 100g

      ▸ 모두 1cm 길이로 썬다

B   마늘 1쪽

      빨간 고추

      ▸ 모두 잘게 썰어둔다

C   난프라, 굴소스, 술 각각 1과 1/2큰술

      간장, 설탕 각각 1작은술

      후추 약간

바질 5~6장

식용유 1큰술

만드는 법 /

1   프라이팬에 식용유를 두르고 중불에 달궈서 갈은 닭고기, A, B를 넣고 볶는다. 골고루 열이 통하면 C를 넣어 볶는다.

2   그릇에 올리고 바질을 흩뿌린다.

> Memo 타이 음식 '카파오'는 바질과 함께 고기나 어패류를 넣어 볶아먹는 반찬이다. 색이 선명한 채소들을 넣어서 샐러드 풍으로 어레인지 했다. 계란 프라이와 밥을 함께 먹으면 더욱 맛있다.

반반지

Bang Bang Chicken

재료 /

닭 다리 살 150g ▸ 소금과 술을 뿌려둔다
소금, 술 약간씩
A 대파(파란 부분) 1뿌리분
    생강 껍질 1조각분
양상추 1/2통 ▸ 잘게 채 썬다
오이 1/2개 ▸ 잘게 채 썬다
대파(하얀 부분) 1/2뿌리 ▸ 잘게 채 썬다
B 참깨 드레싱(p64 참조) 3큰술
    고추기름 1작은술
    ▸ 잘 섞어준다

만드는 법 /

1 내열 용기에 닭고기와 A를 넣고 랩을 씌워서
   전자레인지(600W)로 약 2~3분간 가열한다.
   열을 식히고 먹기 쉬운 크기로 썬다.
2 그릇에 양상추를 깔고 오이와 1을 올린다. B를
   뿌리고 흰 파채를 올린다.

Meno 반반지는 중국 요리 중 하나로 닭고기를 삶아
가늘게 찢어 향신료로 무친 음식이다. 닭고기를 막
대기로 때려서 부드럽게 한 사천요리가 원조다.

데친 쇠고기와 양상추 샐러드

Parboiled Lettuce & Beef Salad

재료 /

얇게 썬 소고기 150g
소금, 참기름 약간씩
양상추 작은 것 1통 ▸ 큰 잎은 세로로 반으로 자른다
중화풍 드레싱(p65 참조) 2큰술

만드는 법 /

1 냄비에 물을 끓인 뒤 소금과 참기름을 넣는다.
   소고기를 살짝 데치고 남은 열을 식혀준다.
2 양상추도 소고기를 데친 물에 살짝 데친 뒤 채
   반에 늘어놓고 잔열을 식힌다.
3 그릇에 데친 양상추와 소고기를 올리고 중화풍
   드레싱을 뿌린다.

Meno 이 요리는 생명은 스피드이다. 소고기는 질기
지 않게 데치고 양상추는 아삭할 때 물에서 건져내
는 것이 포인트이다.

한국식 양념 고기 샐러드

2인분

Korean Barbecue Salad

재료 /

얇게 썬 돼지갈비(삼겹살) 200g ▶ 한입 크기로 잘라
소금과 후추를 뿌려둔다
소금 1/3작은술
후추 약간
상추 8장
깻잎 8장
오이 1/2개 ▶ 5cm 길이로 채 썬다
대파(하얀 부분) 1/2개 ▶ 5cm 길이로 채 썬다
고추장 2큰술

만드는 법 /

1 프라이팬에 기름을 두르지 않고, 돼지고기를
   중불에 익힌다.
2 상추와 깻잎을 겹쳐놓고 오이와 대파, 익힌 돼
   지고기, 고추장을 순서대로 올려 싸먹는다.

> *Memo* 구운 돼지고기를 상추나 깻잎 등으로 싸먹는
> 쌈 풍 샐러드. 풍미가 강한 잎채소류가 기름기가 진
> 한 고기와 궁합이 좋다.

고기 된장 볶음 샐러드

만들기 쉬운 분량

Pork Miso with Sliced Radish

재료 /

돼지갈비 덩어리 고기 300g ▶ 1.5cm 크기로 깍둑썰
기 한다
생강 100g ▶ 잘게 다져둔다
A 미소 150g
   설탕 90g
   맛술 5큰술
   술 2큰술
자색무 4cm ▶ 2mm 두께로 썬다
차조기 잎 10매 ▶ 반으로 자른다

만드는 법 /

1 냄비에 기름을 두르지 않고 돼지고기를 중불에
   볶는다. 키친타월로 기름을 닦아내고 생강을
   더해 다시 볶는다.
2 A를 더해서 한 번 졸여낸 뒤에 식힌다.
3 자색무에 차조기 잎, 고기 된장을 올려 먹는다

> *Memo* 내가 어머니에게서 물려받은 이 레시피는 우
> 리 딸이 가장 좋아하는 메뉴다. 자색무가 없다면 그
> 냥 무를 사용해도 괜찮다. 진하고 달콤한 맛이라 삼
> 각김밥의 속재료로도 쓸 수 있다.

생햄과 순무 샐러드

2인분

Prosciutto & Turnip Salad

재료

생햄 40g ▸ 한입 크기로 자른다
순무 4개 ▸ 껍질과 줄기를 조금 남긴 채, 세로로 얇게
저민다
프렌치 드레싱(p64 참조) 2큰술

만드는 법

1   순무를 물에 담갔다가 물기를 뺀다.
2   볼에 1과 생햄을 넣고 프렌치 드레싱을 뿌린다.

> *Memo* 순무의 아삭한 식감, 생햄의 짭짤함이 좋은 액
> 센트가 되는 샐러드다. 순무를 슬라이서로 썰면 깔
> 끔하고 얇게 자를 수 있다.

돼지고기 튀김과 봄국화 샐러드

2인분

Deep-Fried Pork & Daisy Salad

재료

얇게 자른 돼지고기 200g ▸ 한입 크기로 자른다
A   간장, 요리용 술 각각 2작은술
B   전분, 박력분 각각 1과 1/2큰술
봄국화 1다발 ▸ 잎을 손으로 떼놓는다
생강 드레싱(p64 참조) 3큰술
식용유 적당량

만드는 법

1   돼지고기에 A를 넣고 재운 뒤 섞은 B를 버무
린다.
2   프라이팬에 넉넉히 식용유를 넣고 중불에 달군
뒤 1을 바삭하게 튀겨낸다.
3   볼에 2와 봄국화를 넣고 생강 드레싱으로 버무
린다.

> *Memo* 맛있게 튀겨낸 돼지고기와 신선한 봄국화의
> 궁합이 딱으로, 맥주에 잘 어울리는 안주 샐러드다.
> 봄국화의 잎부분만 사용하고 줄기는 된장국 등의
> 재료로 사용해도 좋다.

소시지와 사워크라우트

만들기 쉬운 분량

Sausage & Sauerkraut

재료 /

소시지 적당량
적양배추 1통 ▶ 채 썰어서 소금에 무쳐둔다
소금 적양배추 중량의 2%
월계수 약간
홀그레인 머스터드 적당량
이탈리안 파슬리 있다면 적당량

만드는 법 /

1 지퍼락에 적양배추와 월계수 잎을 넣고 누름돌로 눌러 반나절 정도 둔다.

2 적양배추에서 나온 수분으로 전체가 젖어 있으면 그대로 상온에 3일 정도 둔다. 수분이 나오지 않았다면 2%의 소금을 더해준다.

3 프라이팬에 소시지를 굽고, 그릇에 올린다. 만들어둔 사워크라우트를 같이 올리고 홀그레인 머스터드를 더한 다음 이탈리안 파슬리로 장식한다.

> *Memo* 독일의 사워크라우트는 식초에 절이지 않고 발효시키는 양배추 절임이다. 조림 요리나 스프에 넣거나, 튀김요리에 곁들여 먹을 수 있다. 냉장고에서 2~3주간 보관할 수 있다.

밀라노 카츠 샐러드

2 인분

Cutlet Milanese Salad

재료 /

돼지고기 등심(돈까스 용) 2장 ▶ 두드려서 5mm 두께로 얇게 편다
소금, 후추, 밀가루, 빵가루 적당량
A 계란 1개, 우유 1큰술
   파르메산치즈 1큰술
   ▶ 섞어둔다
채소 소스
   블랙 올리브 4개 ▶ 다져둔다
   방울토마토 12개 ▶ 5mm 크기로 깍둑썰기 한다
   모둠 잎채소 적당량
   케이퍼, 발사믹 식초 각각 1큰술
   ▶ 잘 섞어둔다
레몬 1/8개, 올리브 오일 적당량

만드는 법 /

1 돼지고기에 소금과 후추를 뿌리고 밀가루와 A, 빵가루 순으로 튀김옷을 입힌다.

2 프라이팬에 올리브 오일을 많이 넣고 중불에 가열한 뒤 1의 양면을 바삭하게 튀긴다.

3 그릇에 2를 올리고 채소 소스를 뿌리고 레몬을 더한다.

> *Memo* 파르메산치즈를 사용한 밀라노풍의 커틀렛을 채소 소스와 레몬으로 산뜻하게 샐러드로 어레인지했다. 돼지고기를 얇게 펴는 게 귀찮다면, 제육 볶음용으로 얇게 썰어져있는 고기를 사용해도 좋다.

Column 1

드레싱 & 딥 소스
dressing & dipping sauce

채소와 드레싱 혹은 딥 소스의 상성으로 좋은 샐러드가 결정된다.
뉴요커에게 인기 있는 소스부터 동양적인 소스까지 가족들이 좋아하는 맛을 찾아보자.

드레싱을 만드는 법

그릇에서 거품기로 섞는다

한 번에 다 사용하는 경우에는 볼에 넣어서 거품기로 잘 섞어 만든다. 나중에 다른 재료를 넣을 수 있도록 큰 볼을 사용한다. 식초와 기름을 섞는 경우에는 유화시키기 위해 잘 섞는다.

병에 넣고 섞는다

소량만 사용하고 보관하는 경우에는 뚜껑이 있는 병에 재료를 넣고 상하 좌우로 잘 흔들어준다. 여분은 그대로 냉장고에 넣어두고 사용하면 편리하다. 보존 가능일은 3~4일. 사용할 때는 다시 잘 흔들어서 사용한다.

블랜더로 섞는다

계란이나 치즈 등 고형물을 사용한 드레싱은 재료를 모두 블랜더에 넣고 잘 섞어 부드럽게 될 때까지 갈아준다. 오일이나 조미료를 조금씩 더해서 만드는 드레싱은 핸드 믹서를 사용해도 좋다.

A

B

뉴욕에서
인기 있는 드레싱

다이어트 목적으로 점심은 샐러드만 먹는 사
람이 뉴욕에 많다. 그들이 특히 좋아하는 것이
이런 드레싱이다.

A. 시저 드레싱 (P70)

재료   약 3/4컵분
             수란(포치드 에그) 1개
             안초비 2장
             파르메산치즈 15g
             마늘 1/4쪽
             레몬즙 1큰술
             소금 1/4작은술
             후추 약간
             식용유 4큰술

▶   모든 재료를 블랜더에 넣고 갈아서
      퓨레 상태로 만든다.

B. 바질 페스토 (P26)

재료   약 1과 1/2컵분
             바질 100g
             마늘 1/2쪽
             잣(차갑게 해둔다) 2큰술
             파르메산치즈 1큰술
             소금 1/3작은술
             후추 약간
             올리브 오일 150ml

▶   모든 재료를 블랜더에 넣고 갈아서
      퓨레 상태로 만든다.

C. 발사믹 드레싱 (P18, 116)

재료   약 1/2컵분
        발사믹 식초 2큰술
        소금 1작은술
        후추 약간
        식용유 6큰술

▶   모든 재료를 볼에 넣고 거품기로 섞어준다.

D. 랜치 드레싱 (P32, 84, 94, 96)

재료   약 1/2컵분
        생크림 2큰술
        플레인 요거트 2큰술
        마요네즈 2큰술
        화이트 와인 식초 1작은술
        소금 1/4작은술
        후추 약간

▶   모든 재료를 볼에 넣고 거품기로 섞어준다.

E. 사우전드 아일랜드
     드레싱 (P14)

재료   약 1/2컵분
        다진 양파 1큰술
        다진 마늘 약간
        마요네즈 75g
        케첩 1과 1/2큰술
        레몬즙 2작은술
        소금 1/4작은술
        후추 약간

▶   모든 재료를 볼에 넣고 거품기로 섞어준다.

만능
드레싱

어떤 재료라도 맛을 끌어내주는 드레싱이다.
전 종류를 만들어보고 책에 실려 있지 않은 샐
러드에도 조합해보자.

A. 프렌치 드레싱 (p22, 28, 30, 44, 56, 74, 92, 96, 110, 118, 124, 126)

재료   약 1컵분
        화이트 와인 식초 50ml
        소금 1작은술
        꿀 1/2작은술
        후추 약간
        올리브 오일 150ml

▶   모든 재료를 볼에 넣고 거품기로 섞어준다.

B. 생강 드레싱 (p34, 48, 56)

재료   약 1컵분
        갈은 생강 1큰술
        식초, 간장 각각 50ml
        꿀, 소금 각각 1작은술
        식용유 75ml

▶   모든 재료를 볼에 넣고 거품기로 섞어준다.

C. 참깨 드레싱 (p52)

재료   약 1/2컵분
        갈은 깨 3큰술
        간장, 참기름, 식초 각각 1과 1/2큰술
        설탕 2작은술

▶   모든 재료를 볼에 넣고 거품기로 섞어준다.

D. 일본풍 드레싱 (p34, 46, 80, 82)

재료   약 1/2컵분
        폰즈 100ml
        설탕, 소금 각각 한 꼬집
        식용유 1큰술

▶   모든 재료를 볼에 넣고 거품기로 섞어준다.

E. 중화풍 드레싱

(P38, 52, 80, 90, 100)

재료   약 1/2컵분
         간장, 식초, 참기름 각각 30ml
         설탕 1작은술, 후추 약간

▸   모든 재료를 볼에 넣고 거품기로 섞어준다.

F. 재료 가득 드레싱 (p28)

재료   약 2컵분
         당근 1/4개
         양파, 사과 각각 1/4개
         마늘 작은 것 한 쪽
         생강 작은 것 한 쪽
         안초비 페이스트 1작은술
         깨 2큰술
         마요네즈, 간장, 식초 각각 1큰술
         소금 1/2작은술
         후추 약간
         식용유 200ml

▸   당근, 양파, 사과를 다진 다음 모든 재료를
      블랜더에 넣고 갈아서 퓨레 상태로 만든다.

G. 스위트 칠리 드레싱 (P84)

재료   약 1/2컵분
         스위트 칠리 소스, 넘플라,
         레몬즙 각각 2큰술
         설탕 1작은술
         소금 약간

▸   모든 재료를 볼에 넣고 거품기로 섞어준다.

H. 카레 드레싱 (P76)

재료   약 1/2컵분
         카레 가루, 소금 각각 1/2작은술
         식초 2큰술
         후추 약간
         올리브 오일 3큰술

▸   모든 재료를 볼에 넣고 거품기로 섞어준다.

농후하고
맛있는 딥!

스틱 샐러드, 찜 & 구운 채소를 매일 다르게
찍어 먹을 수 있는 7가지 딥. 무엇과 함께 먹어
도 맛이 개성적이고 계속 먹고 싶어진다.

A. 바냐카우다 (P20)

재료   약 1컵분
      A 칼등으로 쳐서 짓이겨둔 마늘 6쪽
        안초비 페이스트 1작은술
        올리브 오일 50 ㎖
      생크림 100ml
      소금, 후추 약간씩

▶ 작은 냄비에 A를 넣고 약불에 올려
   향이 올라올때까지 볶아준다.
   불에서 내려서 생크림을 더해
   블랜더로 섞어준다.
   소금과 후추로 간한다.

B. 요거트 소스

재료   약 1/2컵분
      플레인 요거트 100g
      간 마늘 한 꼬집
      소금 1/3작은술
      후추 약간
      식용유 1큰술

▶ 모든 재료를 잘 섞어준다.

C. 미소 딥 (p20)

재료   약 1/2겹분
      된장 50g
      마요네즈 50g
      갈은 깨 2큰술

▶ 모든 재료를 잘 섞어준다.

D. 두유 마요네즈

재료   약 1컵분
두유 80ml
A 설탕, 소금 각각 3/4작은술
식초 1큰술
다진 파슬리 약간
식용유 120ml

▶ 두유에 A를 넣고 핸드믹서로 섞어준다.
식용유를 1큰술씩 섞으며 넣어준다.
마지막에 식초와 파슬리를 넣으며 섞어준다.

E. 깨 크림 딥

재료   약 1/2컵분
갈은 깨 3큰술
생크림 2큰술
레몬즙 1/2큰술
화이트와인 1/2큰술
소금 1/3 작은술
후추 약간

▶ 모든 재료를 잘 섞어준다.

F. 뉴욕 블루치즈 딥

재료   약 1컵분
블루치즈, 플레인 요거트 75g
마요네즈 2큰술
레몬즙, 후추 약간씩

▶ 모든 재료를 넣고 섞어준다.

G. 토마토 살사 (P44, 50, 107)

재료   약 1컵분
토마토(다진다) 중간 크기 1개
다진 양파 1큰술
다진 고수 1큰술
다진 파란 고추 1/3작은술
소금 1/3작은술
후추 약간
올리브 오일, 라임즙 각각 1큰술

▶ 다진 양파는 찬물에 담가두었다가
물기를 제거해둔다. 모든 재료를 섞어준다.

PART 3

Salad : Seafood

생선 샐러드

생으로 먹는 일이 많은 생선은
채소와 잘 맞아, 샐러드에 잘 어울리는 재료라고 할 수 있다.

오이, 양파, 치커리 등
식감이 좋은 채소와 회의 조합은 최고다.
술 안주로도 최적이다.

그릴 새우 시저 샐러드

2인분

Grilled Prawn Caesar Salad

재료
새우 큰 것 6마리 ▶ 껍질과 등의 내장을 제거하고 소
금과 후추로 밑간을 한다
소금, 후추 약간씩
로메인 1/2다발 ▶ 한입 크기로 자른다
크루통 4큰술
파슬리 1줄기 ▶ 잘게 다진다
시저 드레싱(p62 참조) 3큰술
올리브 오일 1큰술

만드는 법
1 프라이팬에 올리브 오일을 두르고 중불에 달궈
새우를 잘 구운다.
2 로메인을 시저 드레싱으로 버무려 그릇에 올린
다. 1과 크루통을 올리고 파슬리를 흩뿌린다.

Memo 농후한 시저 드레싱은 새우 이외에도 닭고기나
베이컨 등 동물성 재료와 잘 어울린다. 드레싱에 버
무린 로메인이 아삭아삭할 때 먹는 것이 좋다.

치커리에 올린 게살 아보카도

Crab & Avocado Salad on Chicory

재료

게 다리 살 100g ▶ 살을 발라낸다
아보카도 1개 ▶ 1cm 크기로 깍둑썰기 하여 레몬즙을
뿌려둔다
레몬즙 1/2개분
A 마요네즈 2큰술
   간장 1작은술
   와사비 약간
   ▶ 잘 섞어둔다
치커리 1개
처빌 있으면 적당량

만드는 법

1   게살과 아보카도를 섞어서 A와 버무린다.
2   치커리를 그릇으로 써서 1을 적당량 올리고 처
    빌을 장식한다.

Memo 약간 쌉쌀한 맛이 액센트가 되는 치커리. 보드
처럼 보이게 데코레이션을 하면 멋진 파티 메뉴가 된
다. 게 다리 살이 없다면 게맛살을 써도 좋다.

연어 샐러드

2인분

Salmon Salad

재료

연어 1조각 ▸ 소금, 후추를 뿌려둔다
소금, 후추 약간씩
경수채 1/3다발 ▸ 큼직큼직하게 썬다
샐러드 시금치 1다발 ▸ 먹기 쉬운 크기로 썬다
양파 1/4개 ▸ 얇게 채 쳐서 물에 담가두었다가 물기를
제거한다
로스트 아몬드 3큰술
프렌치 드레싱(p64 참조)

만드는 법

1   프라이팬에 기름을 두르지 않고 중불에 연어
    양면을 굽는다.
2   그릇에 경수채와 샐러드 시금치, 양파를 깔고
    구운 연어를 올린다. 로스트 아몬드를 흩뿌리
    고 프렌치 드레싱을 뿌린다.

> *Memo* 주인공인 연어는 프라이팬에서 소테를 해도, 생
> 선 구이 그릴에서 구워도 괜찮다. 살을 부숴서 채소
> 와 아몬드와 함께 섞어 먹는다.

꽁치 카레 샐러드

2인분 *Marinated Saury Salad with Curry Sauce*

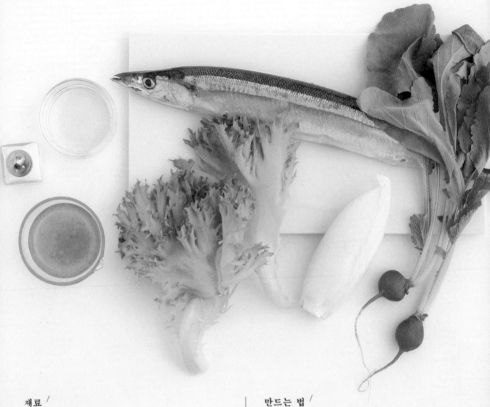

재료 /

꽁치(사시미 용) 1마리 ▸ 3장 뜨기를 해서 껍질을 벗긴다
소금 1/2작은술
식초 3큰술
치커리 1/2개 ▸ 1cm 폭으로 자른다
프릴 레터스 1/2개 ▸ 한입 크기로 자른다
래디쉬 2개 ▸ 얇게 채 썬다
카레 드레싱(p64 참조) 2큰술

만드는 법 /

1 꽁치에 소금을 뿌려 10분을 재워두고 식초로 씻어내 한입 크기로 자른다.
2 1, 치커리, 프릴 레터스, 래디쉬를 섞어서 그릇에 올리고 카레 드레싱을 뿌린다.

Memo 가볍게 식초로 절인 꽁치와 채소를 카레 풍미 드레싱으로 깔끔하게 먹는 건강 샐러드. 샐러드에 들어가는 생선은 전갱이나 정어리여도 맛있다.

참치 포키 샐러드

Ahi Poke Salad

2인분

재료 /

참치(사시미 용) 120g

오이 1개 ▸ 깍둑썰기 해서 소금에 절인다

소금 약간

양파 1/4개 ▸ 채 쳐서 물에 담가 두었다가 물기를 제거
한다

다진 마늘 1/4작은술

A   간장, 참기름 각각 1과 1/2큰술

    레몬즙 2작은술

    ▸ 잘 섞어둔다

만드는 법 /

1   볼에 참치와 양파, 마늘을 넣어 참치에 간이 배
    어 풍미가 더해지면 오이를 넣고 섞는다.

2   1에 A를 더해 5분 정도 둔다. 맛이 들면 먹는다.

Memo 포키는 하와이어로 '작게 자르다'라는 의미이
다. 참치로 만드는 아히포키는 하와이의 소울푸드
이다. 간장이나 참기름으로 맛을 내 아시아 사람들
에게 인기가 좋다.

세비체 토마토

Ceviche on Tomato

2인분

재료 /

도미(사시미용) 50g ▸ 1cm 깍둑썰기 한다

A   소금 1/2작은술

    후추 약간

    라임즙 1/2개분

토마토 중간 크기 2개

소금, 후추 약간씩

오이 1/2개 ▸ 작은 사이즈로 깍둑썰기 한다

빨간 파프리카 1/3개 ▸ 작게 깍둑썰기 한다

적양파 50g ▸ 잘게 다진다

올리브 오일 1과 1/2큰술

고수 있다면 적당량

만드는 법 /

1   도미에 A를 뿌려 10분 정도 절여둔다.

2   토마토는 꼭지와 주위를 잘라내고 속을 제거해
    서 안쪽에 소금과 후추를 조금씩 뿌려둔다.

3   볼에 1, 오이, 파프리카, 적양파, 올리브 오일을
    넣고 섞어 소금과 후추를 뿌려 간을 맞춘다.

4   2에 3을 넣어서 고수로 장식한다.

Memo 세비체는 어패류 마리네를 사용한 라틴 아메리
카의 명물 요리이다. 흰살 생선 외에 가리비나 단새
우 등을 사용할 수 있다. 토마토의 속을 잘게 다져서
속재료로 써도 좋다.

해파리 샐러드

Jellyfish Salad

2인분

재료 /

해파리 70g ▸ 물에 불려서 소금기를 빼둔다
토마토 1개 ▸ 얇게 반원형으로 썬다
오이 1개 ▸ 채 썬다
샐러리 1/2개 ▸ 채 썬다
A   중화풍 드레싱(p65 참조) 3큰술
     라유 1/3작은술
     ▸ 잘 섞어둔다

만드는 법 /

1   해파리는 빠르게 뜨거운 물을 부운 뒤, 5cm 길
     이로 자른다. A 1큰술로 밑간을 한다.
2   그릇에 토마토를 깔고 오이, 1, 샐러리 순으로
     올리고 남은 A를 뿌린다.

> *Memo* 더하는 것만으로 간단하게 만들수 있는 중화
> 풍 샐러드. 해파리와 채소의 다양한 식감을 즐길 수
> 있다. 라유의 양으로 매운맛의 정도를 조절한다. 볶
> 은 깨를 뿌려도 맛있다.

사시미 샐러드

Sashimi Salad

2인분

재료 /

흰살 생선(사시미용) 100g ▸ 얇게 슬라이스 해서 소
금, 참기름으로 밑간을 한다
소금, 참기름 약간씩
A   양상추 1/2개
     무 5cm
     당근 1/2개
     생강 1조각
▸ 모두 채를 썰어 양상추 외의 재료는 섞어둔다
만두피(완탕피) 6매
▸ 5mm 폭으로 잘라서 가볍게 튀긴다
땅콩(잘게 다진다) 1큰술
일본풍 드레싱(p64 참조) 3큰술
식용유 1큰술

만드는 법 /

1   그릇에 양상추를 깔고 A와 흰살 생선, 만두피
     순으로 올린다
2   땅콩을 뿌리고 일본풍 드레싱을 뿌린다

> *Memo* 만두피가 남았다면 골든 브라운 색으로 튀겨서
> 바삭바삭한 식감이 맛있는 샐러드 토핑으로 쓴다.
> 땅콩을 잘 사용하면 변화를 줄 수 있다.

해초 샐러드

2인분

Seaweed Salad

재료 /

생 미역 60g ▶ 한입 크기로 자른다
해초 믹스(건조) 50g ▶ 물에 불려둔다
무말랭이 15g ▶ 물에 불려 먹기 좋게 자른다
일본풍 드레싱(p64 참조) 3큰술

만드는 법 /

1 볼에 미역과 해초 믹스를 넣고 일본풍 드레싱 1
   큰술로 버무려 5분 정도 두어 준비한다.
2 먹기 직전에 1에 무말랭이와 남은 일본풍 드레
   싱을 넣고 섞어준다.

> *Memo* 심플한 해초 샐러드도 충분히 맛있지만, 무말
> 랭이를 더하는 것으로 식감과 맛이 변화한다. 저칼
> 로리에 식이섬유도 풍부하다.

가리비 샐러드

2인분

Scallop & Radish Salad

재료 /

무 8cm ▶ 4cm 길이로 두껍게 채 썰어서 소금을 뿌리
고 5분 정도 둔다
소금 약간
가리비 통조림 작은 것 1개
A 마요네즈 1큰술
   간장 1작은술
   ▶ 잘 섞어둔다
굵게 간 흑후추 약간

만드는 법 /

1 무를 가볍게 씻어서 물기를 확실히 짠다. 볼에
   무와 가리비를 넣고 A로 버무린다.
2 그릇에 올리고 굵게 간 흑후추를 뿌린다.

> *Memo* 가리비의 깊은 맛과 아삭아삭한 무는 아무리
> 먹어도 질리지 않는 반찬 샐러드다. 무의 물기를 확
> 실히 짜는 것이 포인트!

칼라마리 샐러드

2인분

Calamari Salad

재료 /

오징어 100g ▶ 다리와 내장을 빼고 껍질을 벗겨 1cm
두께로 링모양으로 잘라 소금과 후추를 뿌려둔다
소금, 후추 약간씩
밀가루, 세몰리나 밀가루 각각 3큰술
계란물 1개분
모둠 잎채소 100g
레몬 1/8개
랜치 드레싱(p63 참조) 3큰술
튀김유 적당량

만드는 법 /

1   오징어를 밀가루, 계란물, 세몰리나 밀가루 순
    으로 튀김옷을 입힌다.
2   중온(약 170도)의 기름에 예쁜 색이 나올 때까
    지 튀긴다.
3   그릇에 2를 올리고 모둠 잎채소를 옆에 곁들인
    다. 레몬을 짜고 랜치 드레싱을 뿌린다

> Memo 칼라마리는 이탈리아어로 '오징어'다. 오징어
> 링 튀김과 잎채소, 레몬 과즙으로 상큼하게 먹는 샐
> 러드. 세몰리나 밀가루를 사용해 바삭하게 튀기면
> 식어도 맛있다.

얌운센

2인분

Yum Wunsen

재료 /

새우 중간 크기 4마리
소금, 요리용 술 각각 적당량
간 돼지고기 50g
당면 80g ▶ 반으로 잘라서 가볍게 데친다
적양파 1/6개 ▶ 얇게 채 처서 물에 담갔다 물기를 제
거한다
토마토 1/2개분 ▶ 6등분한다
상추(서니 레터스) 3장 ▶ 한입 크기로 자른다
A   스위트 칠리드레싱(p65 참조) 3큰술
    빨간 고추 1개 ▶ 씨를 제거하고 작은 크기로 썬다
    다진 마늘 약간
    ▶ 잘 섞어둔다
고수 있다면 약간

만드는 법 /

1   소금과 요리용 술을 넣은 물에 새우를 데치고
    내장을 제거한다. 간 고기도 같이 데친다.
2   상추(서니 레터스)와 고수 이외의 재료를 볼에
    넣고 A로 무친다.
3   그릇에 상추를 깔고 2를 올린 뒤 고수로 장식
    한다.

> Memo 얌운센은 새우와 당면으로 만드는 태국의 샐러
> 드다. 새콤하고 매운맛이 나며, 먹다보면 계속 먹고
> 싶어지는 맛이다. 취향에 따라 삶은 오징어를 더해
> 도 맛있다.

치어 방울토마토 샐러드

2인분

Whitebait & Cherry Tomato Salad

재료 /

치어(시라스) 50g
방울토마토(빨강, 노랑) 합쳐서 18개
A 식초 50ml
   물 70ml
   설탕 1과 1/2큰술
   소금 2/3작은술
   빨간 고추 1/2개
   월계수잎 1장
   후추 5알

만드는 법 /

1 냄비에 A를 넣고 한소끔 끓인 뒤 불을 끈다.
2 잔열이 식으면 방울토마토를 넣고 3시간 정도
   절인다.
3 먹기 직전에 치어를 넣고 섞어 그릇에 담는다.

> Memo 안주나 가벼운 반찬으로 상큼하게 먹는 방울
> 토마토 피클. 냉장고에서 1주일 정도 보관할 수 있
> 기 때문에 분량을 늘려 만들어두어도 좋다.

타라마 샐러드

2인분

Tarama Salad

재료 /

감자 큰 것 1개
A 명란젓 50g ▶ 껍질을 벗기고 부숴둔다
   마요네즈 3큰술
   생크림 2큰술
   레몬즙 1작은술
   ▶ 잘 섞어둔다
소금, 후추 약간씩
크래커 적당량
처빌 있다면 적당량
핑크 후추 있다면 적당량

만드는 법 /

1 감자는 물에 적셔서 랩에 싼 뒤 전자레인지
   (600w)에 약 3~4분을 가열해 고운 채를 통해
   으깨준다. A를 더해서 잘 섞은 뒤 소금, 후추를
   넣고 간을 한다.
2 그릇에 1을 넣고 처빌과 핑크 후추로 장식한다.
   크래커에 발라서 먹는다.

> Memo 명란젓과 감자로 만드는 타라마 샐러드는 그리
> 스와 터키의 어란 요리를 어레인지한 것이다. 마요
> 네즈 대신에 마스카포네를 사용해도 좋다.

PART 4

Salad : Peas & Cereals

곡식 샐러드

여성의 몸에 좋은 영양소가 가득 담긴
콩류나 잡곡을 샐러드에 넣어보았다.

빵을 준비할 필요가 없어서
글루텐 프리의 건강한 식단을 원하는 뉴요커들에게 무척 인기가 좋다.
바쁜 하루의 아침밥이나
가볍게 먹고 싶은 점심으로 딱인 메뉴!

말린 두부와 자차이 샐러드

Dried Tofu & Szechuan Pickles Salad

재료

조림용 두부 1모
셀러리 1/3줄기 ▶ 채 썬다
빨간 피망 1개 ▶ 얇게 채 썬다
자차이 40g ▶ 얇게 채 썬다
중화풍 드레싱(p65 참조) 3큰술
고수 1줄기

만드는 법

1 두부를 행주로 싼 뒤 무거운 것을 올려 물기를
제거한다. 1시간 정도 두어 두께가 반으로 줄
었을 때 얇게 썬다.
2 볼에 1과 고수 이외의 채소를 넣고 중화 드레
싱을 더해서 그릇에 올리고 고수로 장식한다.

> *Memo* 단단한 두부를 무거운 물건으로 눌러 수분을 빼
> 서 중국의 말린 두부처럼 어레인지 했다. 두부에 치
> 즈와 같은 감칠맛이 생겨 더욱 맛있어진다.

판자넬라

Panzanella

재료

프랑스 빵(딱딱해진 것) 15cm ▶ 딱딱하지 않다면 구
워둔다

토마토 1/2개 ▶ 먹기 좋게 자른다

오이 1/2개 ▶ 세로로 반을 자르고 대충 자른다

양파 1/6개 ▶ 얇게 썰어 물에 담가두었다가 물기를 제
거한다

마늘 1/4쪽 ▶ 잘게 다진다

검은 올리브 6알 ▶ 반으로 자른다

안초비 2장 ▶ 굵게 다진다

바질 1줄기 ▶ 손으로 뜯어둔다

프렌치 드레싱(p64 참조) 3큰술

만드는 법

1 프랑스 빵을 물에 담궈 부드럽게 만들어 물기
를 짠 뒤, 한입 크기로 찢는다.

2 볼에 모든 재료를 넣고 프렌치 드레싱으로 버
무린다.

Keno 판자넬라는 딱딱해진 빵을 맛있게 먹을 수 있는
이탈리아 토스카니 지방의 가정요리다. 감칠맛과 산
뜻함이 더해져 질리지 않고 먹을 수 있는 맛이 매력
이다.

브루타뉴 크레이프 샐러드

Brittany Crepe Salad

재료 /

A 메밀가루, 밀가루 60g
    소금 1/4작은술
    물 1컵
계란물 1/2개분
에멘탈 치즈 30g ▶ 필러로 얇게 썬다
모둠 잎채소 60g
방울토마토 6개 ▶ 4등분한다
훈제 연어 6장
랜치 드레싱(p63 참조) 3큰술
올리브 오일 적당량

만드는 법 /

1 볼에 A를 넣고 잘 섞는다. 계란물을 더해 공기를 넣으며 저어준다.
2 프라이팬에 올리브 오일을 조금 두르고 중불에 가열해, 1의 반죽을 부어 얇게 펼쳐 양면을 굽는다.
3 그릇에 2를 올리고 4변을 안쪽으로 접는다. 에멘탈치즈, 채소, 훈제 연어 순으로 올리고 랜치 드레싱을 뿌린다. 똑같이 하나 더 만든다.

Memo 프랑스 브루고뉴 지방의 전통요리로 메밀가루를 사용한 크레이프 샐러드다. 현지사람들은 시드르(사과술)을 마시며 이런 반찬 같은 크레이프를 가볍게 즐긴다고 한다.

그래놀라 샐러드

2인분

Granola Salad

재료 /

그래놀라 50g
프로세스치즈 30g ▶ 5mm 크기로 깍둑썰기 한다
케일 6장 ▶ 한입 크기로 찢어둔다
랜치 드레싱(p64 참조) 3큰술

만드는 법 /

1   케일을 랜치 드레싱과 버무려 그릇에 올린다.
2   그래놀라를 올리고 프로세스치즈를 뿌린다.

Memo 케일은 녹즙의 재료로 쓰이는 영양소가 많은 잎채소다. 독특한 향이 신경쓰일 때는 소금으로 문지르면 향이 줄어들어 먹기 쉬워진다. 그래놀라가 들어가서 조식으로도 추천한다.

스펠트 밀 마케도니아 샐러드

2인분

Spelt Wheat Macedoine Salad

재료 /

스펠트 밀 100g
가지 1/2개 ▶ 5mm 두께로 반원 모양으로 자른다
주키니 1/2개 ▶ 5mm 두께로 반원 모양으로 자른다
빨간 파프리카, 양파 각각 1/2개 ▶ 1.5cm 크기로 깍둑썰기 한다
마늘 1쪽 ▶ 잘게 다진다
소금, 후추 약간씩
프렌치 드레싱(p64 참조) 3큰술
올리브 오일 1큰술
이탈리안 파슬리 있다면 적당량

만드는 법 /

1   프라이팬에 올리브 오일과 마늘을 중불로 달궈, 모든 채소를 넣고 볶는다. 소금, 후추로 간을 하고 잔열을 식힌다.
2   냄비에 뜨거운 물을 가득 넣고 소금 한 꼬집을 넣고 스펠트 밀을 알덴테로 삶는다. 채에 올려 물기를 가볍게 제거한다.
3   볼에 1과 2를 넣고 프렌치 드레싱으로 버무려 준다. 그릇에 올리고 이탈리안 파스타로 장식한다.

Memo 스펠트 밀은 9,000년 이전에 유럽에서 자란 고대 곡물이다. 마세도앙(깍둑썰기)된 채소와 함께 건강하게 먹을 수 있다.

쿠스쿠스 샐러드

Couscous Salad

2인분

재료 /

쿠스쿠스 1/2컵

소금 한 꼬집

오이 1/2개 ▸ 5mm 크기로 깍둑썰기 한다

토마토 1/2개 ▸ 5mm 크기로 깍둑썰기 한다

페타치즈 60g ▸ 1cm 크기로 자른다

옥수수 캔 60g

다진 에샤로트 1큰술

민트 1줄기 ▸ 장식용으로 소량을 남기고 잘게 다져준다

올리브 오일 2큰술

소금, 후추 약간씩

만드는 법 /

1 쿠스쿠스는 뜨거운 물에 1/2컵을 넣고 찐 뒤 소금을 더해둔다.

2 볼에 1과 남은 재료, 올리브 오일을 더해 섞은 뒤 소금과 후추로 간을 한다.

3 그릇에 담고 민트를 올려 장식한다.

> Memo 북아프리카나 중동에서 먹는 쿠스쿠스는 밀가루로 만들어진 알갱이 모양의 분식(粉食). 채소, 고기와 함께 샐러드나 스프로 해서도 맛있게 먹을 수 있다.

후무스

Hummus

2인분

재료 /

삶은 병아리콩 1/2캔(150g)

캔 국물 2~3큰술

갈은 깨 3큰술

마늘 1쪽

올리브 오일 2큰술

소금, 후추 약간씩

만드는 법 /

1 장식용으로 병아리콩 몇 알을 남겨놓고, 모든 재료를 블랜더나 푸드 프로세스에 넣고 갈아 퓨레 상태로 만든다.

2 1을 그릇에 넣고 병아리콩으로 장식한다. 취향에 따라 올리브 오일(분량 외)을 적당량 뿌려준다.

> Memo 중동의 많은 지역에서 먹고 있는 병아리콩을 이용한 전통요리. 매쉬 포테이토와 같은 요리에 곁들이거나 피탄에 올려 먹는 것이 대중적이다.

두부와 유바 샐러드

Tofu & Tofu Skin Salad

재료 /

연두부 1/2모 ▸ 한입 크기로 자른다

유바 50g ▸ 3cm 폭으로 자른다

샐러드 양상추 1/2개 ▸ 한입 크기로 자른다

A   중화풍 드레싱(p65 참조) 3큰술

우메보시 1개 ▸ 씨를 빼고 잘게 다진다

▸ 잘 섞어둔다

만드는 법 /

1   그릇에 샐러드 양상추를 깔고 두부와 유바를
올린 뒤 A를 뿌린다.

> *Memo* 두부와 유바를 우메보시가 들어가 시큼한 드
> 레싱으로 산뜻하게 먹는다. 식욕이 없을 때 단백질
> 을 얻기 위해 만들어 먹으면 좋은 샐러드이다.

중화 당면 샐러드

Chinese Vermicelli Salad

재료 /

당면(건조) 30g ▸ 가볍게 데쳐서 5cm 길이로 자른다

숙주 100g ▸ 손질한다

오이 1/3개 ▸ 채 썬다

목이버섯(건조) 5g ▸ 물에 불려서 잘게 자른다

계란 1개

중화풍 드레싱(p64 참조) 3큰술

볶은 깨 1큰술

만드는 법 /

1   숙주나물을 씻어서 내열용기에 넣고, 랩을 씌
워서 전자레인지에(600W)에 40초간 가열한
뒤 식힌다.

2   계란을 풀어 채에 거른다. 프라이팬에 식용유
를 둘러 중불로 가열한 뒤, 계란을 펼치고 불을
끈다. 잔열로 익으면 프라이팬에서 꺼내 잘게
자른다(지단 만들기).

3   볼에 1과 2를 넣고 남은 재료를 더해 중화풍 드
레싱으로 버무린다. 그릇에 올리고 깨를 뿌린다.

> *Memo* 낮은 칼로리의 당면을 사용한 이 샐러드는 요
> 리교실의 인기 메뉴다. 숙주나물과 오이, 목이버섯이
> 듬뿍 들어가 배부르게 먹을 수 있다.

마카로니 샐러드

Macaroni Salad

2인분

재료

마카로니 100g
오이 1/2개 ▶ 채 썬다
햄 2장 ▶ 긴 직사각형으로 자른다
소금, 후추 약간씩
식용유 1큰술
마요네즈 3큰술

만드는 법

1 오이는 소금을 약간 뿌리고 5분 정도 둔 뒤 물기를 짠다.

2 냄비에 넉넉히 물을 끓이고 소금 1작은술을 더한 뒤 마카로니를 봉투에 적힌 시간만큼 삶는다. 채에 받친 뒤 열이 남아 있는 동안에 소금, 후추, 식용유를 뿌린다.

3 볼에 1과 2, 햄을 넣고 마요네즈로 버무린다.

Memo 감자 샐러드 이상으로 인기 있는 마카로니 샐러드. 마요네즈로 버무리는 것만으로 심플하고 간단하게 완성된다. 반찬이나 곁들임, 도시락 반찬으로도 좋다.

파스타 샐러드

Pasta Salad

2인분

재료

카펠리니 120g
토마토 마리네
　　토마토 2개 ▶ 껍질을 까고 씨를 뺀 뒤 숭덩숭덩 썬다
　　참치 캔 100g
　　바질 1줄기 ▶ 손으로 찢어둔다
　　마늘 작은 것 1쪽 ▶ 갈아둔다
　　소금, 후추 약간씩
　　올리브 오일 2큰술

만드는 법

1 볼에 토마토 마리네 재료를 넣고 가볍게 섞는다. 냉장실에 1시간 정도 둔다.

2 냄비에 가득 물을 끓이고 소금 1작은술(분량 외)을 더해 카펠리니를 봉투에 적힌 시간만큼 삶는다. 얼음물에 넣어 식힌 뒤 물기를 제거하고 올리브 오일을 뿌려 골고루 묻혀준다.

3 그릇에 2를 담고 1을 위에 올린다.

Memo 얇은 롱 파스타를 차갑게 해서 즐기는 샐러드는 더운 여름에 간단하게 점심으로 먹기 좋다. 토마토 마리네는 맛이 들 때까지 차갑게 보관하다 파스타에 올리는 것이 포인트이다.

Column 2

샐러드 & 브레드
Salad & Bread

맛있는 샐러드가 완성되었다면
다양한 빵과 함께 가볍게 먹으면서 또 다른 맛을 즐겨보자.
색과 식감도 좋은 추천 조합 8가지를 소개한다.

니스풍 샐러드 (P110) + **깜빠뉴**

깜빠뉴를 2cm 두께로 자른다. 샐러드 양배추를 올린 뒤 니스풍 샐러드를 예쁘게 올리면 오픈 샌드위치가 된다.

계란 샐러드 (p120) + **식빵**

식빵 2장의 한쪽 면에 각각 버터를 가볍게 바른다. 계란 샐러드를 올려 겹친 뒤 먹기 좋은 크기로 자른다.

스펠트 밀
마케도니아 샐러드 (P96)

+ 피타 브레드

피타 브레드를 반으로 잘라 주머니 모양으로
벌린 뒤, 스펠트 밀 마케도니아 샐러드를 잘
채운다.

감자 샐러드 (P30)

+ 크루아상

크루아상에 가로로 길게 칼집을 내고 청상추
를 올린 뒤, 감자 샐러드를 넣어준다.

소시지와 사워크라우트 (P58)

+ 핫도그 빵

핫도그 빵(플레인 혹은 깨가 뿌려진 핫도그 빵)에
사워크라우트와 소시지를 끼워 토마토 케첩
과 홀그레인 머스타드를 뿌리고, 있다면 파슬
리로 장식한다.

타라마 샐러드 (P86)

+ 베이글

베이글의 옆면을 반으로 자른다. 베이글에 양
상추를 깔고(프릴레터스) 타마라 샐러드를 올
려서 샌드한다. 유산지(와스 페이퍼)로 싸면 먹
기 쉽다.

토마토 살사 (P67)

+ 바게트

바게트를 1cm 두께로 썬다. 토마토 살사를 올
리고, 있다면 이탈리안 파스타로 장식한다.

BLT 샐러드 (P28)

+ 토스트

식빵 2장을 굽고 한쪽 면에 버터를 바른다.
BLT 샐러드를 양상추, 토마토, 베이컨 순으로
올려서 먹기 쉬운 크기로 썬다. 취향에 따라
허브를 더하거나 케첩을 뿌려서 먹는다.

PART 5

Salad : Eggs, Fruits &Dairy Products

계란, 과일, 유제품 샐러드

샐러드에서 가장 큰 활약을 하는 것이
계란, 치즈, 요거트 3가지다.

가볍게 사용하는 데일리 식품이고 더하는 것만으로도 만족감이 높아진다.
건더기가 되기도 하고 소스가 되기도 하면서 채소를 돋보이게 만든다.
게다가 과일을 사용하면 보기에도 화려하기 때문에
손님이 찾아왔을 때 요리로 선보일 수 있다.

니스풍 샐러드

Salade Niçoise

재료 /

샐러리 1/4개 ▶ 나박썰기를 한다
토마토 1개 ▶ 6등분을 한다
콜리플라워 1/4개(100g) ▶ 얇게 썬다
삶은 계란 ▶ 6등분한다
참치 통조림 70g
샐러드 양상추 7~8매
안초비 2장 ▶ 대충 잘게 다진다
블랙 올리브 ▶ 얇게 링모양으로 썬다
A   프렌치 드레싱(p64 참조) 3큰술
    홀그레인 머스터드 1/3 작은술
    ▶ 잘 섞어둔다

만드는 법 /

1   그릇에 샐러드 양상추를 깔고 참치가 가운데
    오도록 재료를 색색이 올린다.
2   안초비와 올리브를 흩뿌리고 먹기 직전에 A를
    뿌린다.

Memo 삶은 계란 이외에는 생 채소를 사용하는 것이 원래 니스풍 샐러드의 특징이다. 컬리플라워도 생으로 얇게 채 썰어 넣으면 맛있다. 와인에도 잘 어울린다.

믹스 치즈 젤리 모음

Cheese & Vegetables in Aspic

재료 /

스모크치즈 50g ▸ 7mm 두께로 자른다
모차렐라치즈 1/6개 ▸ 7mm 크기로 깍둑썰기 한다
방울토마토 10개
완두콩 캔 30g
베이비 콘 2개 ▸ 1cm 길이로 동그랗게 썬다
삶은 메추리알 2개 ▸ 반으로 자른다
콘소메 스프 가루 물에 녹여서 300ml
판젤라틴 4g ▸ 물에 불려 물기를 짠다
크림치즈 30g
식용 꽃, 딜 있다면 적당량

만드는 법 /

1 콘소메에 젤라틴을 섞어 전자레인지(600W)에
   30초 가열하여 녹인 뒤 식힌다.
2 유리컵 2개에 1을 반씩 넣고 냉장실에 20분 정
   도 가볍게 굳힌다. 재료를 반씩 밸런스 좋게 잠
   기도록 배치한 뒤 다시 냉장실에서 1시간 정도
   식혀 굳힌다.
3 2에 크림치즈를 올리고 식용꽃이나 딜로 장식
   한다.

> *Memo* 치즈나 채소를 색색이 보기 좋게 젤리로 굳힌,
> 조금 멋을 낸 샐러드. 재료가 잘 보이도록 유리컵으
> 로 만든다. 친구들에게 대접할 때나 디저트 느낌으로
> 맛있게 먹을 수 있다.

수란을 올린 아스파라거스 샐러드

Asparagus Milanese

재료

아스파라거스 6개 ▸ 껍질을 벗긴다
소금, 후추 약간씩
계란 2개
파르메산치즈 20g ▸ 갈아둔다
레몬 1/8개
올리브 오일 1큰술

만드는 법

1 냄비에 물을 끓여 식초를 약간 넣고 계란을 깨
   서 조심히 떨어트린다. 50초 정도 삶는다. 반숙
   의 수란이 완성되면 키친타월에 올려 물기가
   흡수되도록 둔다.

2 프라이팬에 올리브 오일을 두르고 중불로 가열
   해 아스파라거스를 구운 뒤 소금과 후추를 뿌
   려준다.

3 그릇에 2를 올리고 1을 올린 뒤, 파르메산치즈
   를 뿌리고 레몬을 곁들인다.

> *Memo* 구워서 자연스러운 단맛을 끌어낸 아스파라거
> 스에 수란의 진한 노른자를 소스처럼 섞어서 먹는다.
> 치즈의 깊은 맛과 감칠맛이 더해져 농후한 맛을 즐길
> 수 있다.

딸기와 코티지 치즈 샐러드

2인분

Strawberry & Cottage Cheese Salad

재료

딸기 8개 ▸ 꼭지를 따고 4등분을 한다
코티지 치즈 30g
모둠 잎채소 60g
피칸 15g ▸ 굵게 다진다
발사믹 드레싱(p63) 2큰술

만드는 법

1   그릇에 샐러드와 딸기를 올리고 코티지 치즈와
    피칸을 흩뿌린다.
2   발사믹 소스를 뿌린다.

> *Meno* 딸기의 새콤달콤한 맛과 발사믹 드레싱의 산미
> 가 절묘하게 어울리는 샐러드이다. 미국 사람이 좋
> 아하는 피칸을 이용해 식감에 액센트를 주었다.

자몽 믹스 시푸드 샐러드

2 인분

Grapefruit & Mixed Seafood Salad

재료 /

자몽 1개 ▶ 껍질을 벗겨 과육을 빼놓는다
냉동 믹스 시푸드(새우, 오징어, 바지락) 100g
A   소금, 후추, 화이트 와인 약간씩
크레송 4줄기
프렌치 드레싱(p64) 3큰술

만드는 법 /

1   냉동 믹스 시푸드를 A를 넣은 물에 가볍게 데
     친 뒤 식힌다.
2   그릇에 1과 자몽, 물냉이를 올린뒤 프렌치 드레
     싱을 뿌린다.

> *Memo* 새우, 바지락, 오징어 등 어패류는 냉동 시푸드
> 여도 괜찮다. 상큼한 자몽과 매우 잘 맞는 조합이다.
> 화이트 와인이나 발포주에 잘 어울린다.

118

스크램블 에그 샐러드

2인분

Scrambled Egg Salad

재료 /

계란물

　계란 2개
　우유 1큰술
　소금 한 꼬집
　▸ 잘 섞어둔다
토마토 1개 ▸ 6등분한다
스냅 완두콩 3~4개 ▸ 심을 제거하고 삶아서 반으로 쪼개둔다
소금, 후추 약간씩
버터 1큰술

만드는 법 /

1　프라이팬에 버터를 1/2큰술을 넣고 중불로 가열한 뒤 토마토를 볶는다. 소금과 후추를 뿌리고 일단 빼둔다.

2　1의 프라이팬을 대충 닦아주고 남은 버터를 녹인 뒤, 계란물을 넣고 볶아 스크램블 에그를 만든다. 1을 더해서 가볍게 섞은 뒤 소금과 후추로 간을 한다.

3　그릇에 올리고 스냅 완두콩을 올린다.

> *Memo* 스크램블 에그에 퍼지는 토마토의 산미가 소스를 대신하여 맛있게 만들어준다. 식감을 위해 스냅 완두콩과 함께 따뜻할 때 먹으면 더욱 맛있다.

계란 샐러드

2인분

Egg Salad

재료 /

계란 2개 ▸ 완숙으로 삶아 굵게 다진다
A　마요네즈 3큰술
　렐리시 혹은 피클 1큰술
브로콜리 1/3 ▸ 작은 송이로 나눠둔다
소금, 후추 약간씩

만드는 법 /

1　볼에 삶은 계란과 A를 넣고 섞어준다.

2　브로콜리는 소금물에 데쳐서 체에 받쳐둔다.

3　1과 2를 더해 섞어주고, 소금과 후추로 간을 한다.

> *Memo* 렐리시는 고기 위에 얹어서 전체 음식의 맛을 살리는 소스로 1~2종류 이상의 피클을 섞어 다진 것이다. 렐리시를 섞은 마요네즈가 삶은 계란의 맛을 더욱 살린다. 브로콜리를 더하는 것으로 볼륨도 챙기는 계란 샐러드가 된다.

구운 카망베르 샐러드

2인분   *Baked Camembert with Mixed Salad*

재료 /

카망베르 치즈 작은 것 1개 ▶ 상부에 십자로 칼집을 낸다

감자 1개 ▶ 껍질이 있는 채로 5mm 두께로 반달썰기 한다

소금, 후추 약간씩

청상추(그린컬) 4장 ▶ 한입 크기로 자른다

호두 2큰술 ▶ 굵게 다진다

올리브 오일 1큰술

타임 있다면 적당량

만드는 법 /

1 프라이팬에 올리브 오일을 중불에 달군 뒤 감자를 소금과 후추로 간하여 구워둔다.

2 카망베르 치즈는 오븐이나 토스터에 노릇노릇하게 구워 소금과 후추를 가볍게 뿌린 뒤 칼집을 낸 부분에 타임을 장식한다.

3 커다란 그릇에 청상추와 1을 넓게 올리고 중앙에 구운 카망베르 치즈를 올린 뒤 호두를 흩뿌려준다.

> *Memo* 구워서 녹은 카망베르 치즈를 소스처럼 찍어서 채소와 함께 먹는 따뜻한 샐러드이다. 향기로운 호두의 깊은 맛이 입안에서 같이 퍼져나가 더욱 맛있게 느껴진다.

오이 요거트 샐러드

2인분   *Cucumber & Yogurt Salad*

재료 /

오이 2개 ▶ 둥글게 썬다

A 요거트 4큰술

　　올리브 오일 1/2큰술

　　마늘 1/2 쪽 ▶ 갈아둔다

　　소금, 후추, 레몬 약간씩

　　▶ 잘 섞어둔다

민트 적당량

만드는 법 /

1 오이를 A로 버무려 그릇에 올린 뒤 민트로 장식한다.

> *Memo* 인도요리 라이터(인도와 그 주변 지역에서 먹었던 요구르트 샐러드)풍 요거트 샐러드이다. 요거트는 진한 그릭 요거트를 사용했다. 오이의 껍질이나 씨를 빼낸다면 더욱 본격적!

사과와 비트 샐러드

2인분

Apple & Beets Salad

재료 /

사과 1/2개 ▸ 5mm 두께로 십자썰기 한다
비트 캔(슬라이스) 120g ▸ 5mm 두께로 십자썰기 한다
프릴레터스(양상추) 4장 ▸ 한입 크기로 자른다
프렌치 드레싱(p64 참조) 3큰술

만드는 법 /

1   볼에 사과와 비트를 넣고 프렌치 드레싱으로 버무린다.
2   그릇에 프릴레터스를 깔고 1을 올린다.

Memo 러시아 요리의 보르쉬를 만들 때 빼놓을 수 없는 비트는 피클이나 샐러드에도 자주 사용되는 채소다. 버무리는 것만으로 붉은 색이 되고 독특한 단맛이 더해진다.

월도프 샐러드

2인분

Waldorf Salad

재료 /

사과 1/2개 ▸ 껍질이 있는 채로 3mm 두께로 십자썰기 한다
양배추 4장 ▸ 채 썬다
소금 약간
샐러리 1/3개 ▸ 심을 떼고 1cm 깍둑썰기 한다
마요네즈 3큰술
호두 15g ▸ 굵게 다진다
파슬리 약간

만드는 법 /

1   양배추는 소금을 뿌려 숨이 죽으면 가볍게 씻고 물기를 제거한다.
2   볼에 1과 사과와 샐러리를 넣고 마요네즈로 버무린다.
3   그릇에 담고 호두와 파슬리를 흩뿌린다.

Memo 사과와 호두, 샐러리 등을 마요네즈로 버무린 월도프 샐러드는 뉴욕에 있던 월도프 호텔에서 처음 만들어졌다고 한다.

서양배와 블루치즈 샐러드

2인분

Pear & Blue Cheese Salad

재료

서양배 1개 ▸ 6등분(빗모양썰기)으로 썬 뒤 레몬즙을
뿌려둔다
레몬즙 1작은술
블루치즈 60g ▸ 5mm 크기로 깍둑썰기를 한다
엔다이브 1/2개 ▸ 한입 크기로 썬다
프렌치 드레싱(p64 참조) 2큰술

만드는 법

1　그릇에 서양배와 엔다이브를 담는다.
2　블루치즈를 뿌리고 프렌치 드레싱을 뿌린다.

> *Memo* 서양배와 블루치즈는 이 이상 더 맛있는 조합
> 은 없다는 생각이 들 정도로 절묘한 맛을 내는 짝꿍
> 이다. 와인 안주로 먹어도 맛있는 샐러드다.

무화과 생햄

2인분

Fig with Prosciutto

재료

무화과 2개 ▸ 6등분 한다(빗모양 썰기)
생햄 40g ▸ 먹기 쉽게 자른다
굵게 간 후추 약간
이탈리안 파슬리 1줄기 ▸ 손으로 찢는다

만드는 법

1　그릇에 무화과를 올리고 그 위에 생햄을 올려
　　준다. 후추를 뿌리고 이탈리안 파슬리로 장식
　　한다.

> *Memo* 샐러드의 간은 생햄의 짠맛과 후추만으로도 충
> 분하다. 햄의 짠맛이 무화과의 단맛을 더욱 살린다.
> 차갑게 먹는 것이 더욱 맛있다. 먹기 직전에 만든다.

데일리 샐러드

초판 1쇄 인쇄	2019년 4월 16일
초판 1쇄 발행	2019년 4월 23일
지은이	나카무라 나츠코
옮긴이	배혜림
발행인	이원주
임프린트 대표	김경섭
책임편집	정인경
기획편집	정은미·권지숙·정상미·송현경
디자인	정정은·김덕오
마케팅	윤주환·어윤지·이강희
제작	정웅래·김영훈
발행처	미호
출판등록	2011년 1월 27일(제321-2011-000023호)
주소	서울특별시 서초구 사임당로 82 (우편번호 06641)
전화	편집 (02) 3487-2814, 영업 (02) 3471-8044
ISBN	978-89-527-9909-8 13590